INSTRUCTIONS

SUR

LA CULTURE DES ASPERGES

d'après la méthode d'Argenteuil, exécutée à
l'Orphelinat agricole de La Breille

HONORÉE DE 8 MÉDAILLES

OR, VERMEIL ET ARGENT

Aux expositions horticoles et concours régionaux d'Angers, en
1869 et 1877, de Laval en 1870,
de Vannes en 1875 et de Tours en 1881.

**Médaille de 1re classe, Paris 1877. Médaille
de 2e classe, Académie Nationale agricole en 1879.**

4e ÉDITION

Franco : 1 fr. au profit de l'Orphelinat.

ANGERS

LIBRAIRIE BRIAND
Rue St-Laud, 9.

PARIS	**SAUMUR,**
Librairie BLÉRIOT,	Librairie JAVAUD,
quai des Grands-Augustins, 55.	Rue St-Jean.

1881

La demande faite à l'Orphelinat agricole
de la Breille des plants d'Asperges ou de
Ramié, donne droit à une remise de 50 centimes sur le présent ouvrage.

ADRESSE :

*M. le Directeur de l'Orphelinat agricole,
à la Breille,*

par Allonnes (Maine-et-Loire).

INSTRUCTIONS

SUR

LA CULTURE DES ASPERGES

d'après la méthode d'Argenteuil, exécutée à
l'Orphelinat agricole de La Breille

HONORÉE DE 8 MÉDAILLES

OR, VERMEIL ET ARGENT

Aux expositions horticoles et concours régionaux d'Angers, en
1869 et 1877, de Laval en 1870,
de Vannes en 1875 et de Tours en 1881.

**Médaille de 1re classe, Paris 1877. Médaille
de 2e classe, Académie Nationale agricole en 1879.**

4e ÉDITION

Franco : 1 fr. au profit de l'Orphelinat.

ANGERS

LIBRAIRIE BRIAND
Rue St-Laud, 9.

PARIS	**SAUMUR,**
Librairie BLÉRIOT,	Librairie JAVAUD,
quai des Grands-Augustins, 55,	Rue St-Jean;

1881

ASPERGE DITE DE LA BREILLE

(GROSSEUR MOYENNE)

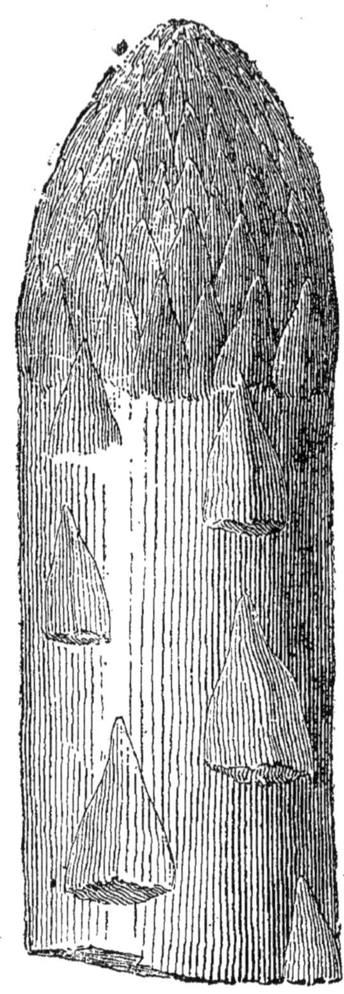

Variété d'Argenteuil améliorée dans les cultures de la Breille

A NOS VÉNÉRÉS CONFRÈRES

DIRECTEURS D'ORPHELINATS AGRICOLES

Lorsqu'au mois de septembre 1879, au Congrès général des Œuvres charitables, la bienveillance de notre vaillant et illustre Évêque, Monseigneur Freppel, voulut bien donner un peu de relief à notre modeste œuvre de la Breille, nous eûmes la pensée que notre petite expérience pourrait bien ne pas être inutile aux colonies agricoles, trop souvent peu favorisées de la fortune. Quelles sont en effet les sources où peuvent puiser les Directeurs d'Orphelinats pour entretenir leur personnel parfois bien nombreux ? Il y en a trois : les pensions payées régulièrement par des sociétés ou des bienfaiteurs; les sommes versées par la charité, enfin le travail exécuté dans l'établissement.

Les pensions sont toujours bien insuffisantes, la charité est bonne, mais hélas ! bien précaire, et il serait téméraire d'y compter toujours ; le travail seul, quand il est bien conduit et dans certaines conditions, peut donner un résultat sérieux.

C'est ce moyen d'augmenter vos ressources, vénérés et chers Directeurs, que nous venons vous exposer dans le petit Traité que nous vous offrons aujourd'hui. Puisse la divine Providence bénir nos efforts, et vous inspirer la pensée de suivre notre exemple, en établissant dans vos maisons et sous vos yeux une culture facile, peu dispendieuse et de plus très attrayante pour des enfants. Vous lirez notre petite brochure, vous l'étudierez avec soin et dirigés par nos conseils pratiques vous arriverez à augmenter les recettes de votre budget dans une proportion que vous n'auriez jamais crue possible. Si ce résultat est atteint, nous n'aurons pas perdu notre temps, et nous serons bien récompensé, car nous aurons été utile à nos chers orphelins qui alors nous rendront par leurs prières, le peu que nous aurons fait pour eux.

A la Breille, le 1er septembre 1881.

A. MONDAIN,

Directeur de l'orphelinat agricole,
Membre de la société d'acclimata-
tion et de l'académie nationale
d'Agriculture.

INTRODUCTION

Des amis, trop bienveillants sans doute à notre endroit, ou mûs par un sentiment de compatissante charité à la vue *des pauvres petites orphelines d'Alsace et de Lorraine*, que nous avons été si heureux de recueillir à l'école fondée par nous en 1865, dans la commune si déshéritée de la Breille, nous engageaient à publier, sur nos travaux agricoles, une notice historique, avec des notes sûres, sur la culture de l'asperge, telle que nous la pratiquons, certains, disaient-ils, que cette méthode divulguée offrirait au public des avantages sérieux. Nous avons longtemps résisté aux sollicitations qui nous étaient faites, nous contentant de renvoyer à un petit opuscule, édité par nous en 1869 (1), ceux qui voudraient suivre notre méthode dans la plantation

---

(1) Cet opuscule n'est pas dans le commerce de la librairie. Il est seulement remis, à titre de renseignements, à ceux qui nous font l'honneur de s'adresser à l'orphelinat de la Breille pour se procurer des plants.

d'un carré. Et puis, il faut bien le dire, nous n'étions pas sans crainte au sujet de l'avenir de ces plantations hardies, exécutées dans des terrains sablonneux à l'excès, totalement dénués de calcaire, jusque-là abandonnés aux végétations parasites de la fougère et de l'ajonc épineux, ou dans des landes tourbeuses défrichées seulement trois ans auparavant. Enfin nous redoutions encore, malgré nos observations journalières, une cruelle déception.

Aujourd'hui dix années se sont écoulées depuis que nous avons introduit, dans les landes si mal famées de la Breille, la culture de l'Asperge ; et en voyant la persistance de ses magnifiques produits, nous nous sentons rassuré, et nous accédons plus volontiers à la demande qui nous a été faite. Maintenant est-ce à dire que nous allons composer un traité magistral sur la culture de l'asperge ? Une pareille prétention serait ridicule de notre part. Des horticulteurs autrement habiles que nous ont accompli depuis longtemps cette tâche. MM. Bossin, Gressent, Lenormand, Lebœuf et vingt autres, ont traité cette question avec ces connaissances pratiques que de longs travaux leur avaient procurées. Bien que quinze années d'expériences et d'observations réitérées dans des terrains de nàture et de conditions extrêmement différentes, nous aient donné un certain droit d'exprimer notre opinion sur cette intéressante culture, cependant nous nous garderons de prétendre que nous avons mieux fait que tous les autres horticulteurs. Aussi pour nous éviter des reproches qu'une **présomption téméraire** pourrait nous attirer de la part de praticiens émérites, nous nous contenterons de rectifier nos petites notes de 1869, en ce qu'elles peuvent avoir d'erroné, et de les compléter par les observations que nous avons faites depuis cette époque, observations que nous croyons utile de faire connaître à ceux qui veulent bien nous honorer de leur indulgente sympathie.

Ces notes, dont le mérite est d'être très pratiques, seront accueillies avec bienveillance, parce qu'elles pourront être très utiles dans l'installation d'une plantation nouvelle. Tous ceux qui les liront, revenus de leurs préjugés sur la difficulté de la culture de l'asperge, voudront posséder dans leur jardin cette précieuse plante, et, quel que soit leur terrain, ils ne se préoccuperont que du moyen d'avoir de bons plants, *car là est toute la difficulté.*

Dans ces notes, fruit de dix années de minutieuses observations, *nous nous adresserons surtout aux propriétaires,* ordinairement si mal renseignés par leurs jardiniers, et qui pour avoir un carré quelconque d'asperges dans leur jardin, font des frais exorbitants et souvent en pure perte, parce qu'on leur a fourni et fait planter des griffes *que nous, nous aurions jetées dans le ratelier de nos animaux.* Rien n'est plus facile que de reconnaître le bon plant d'asperges ; mais combien de marchands *même ceux dont les produits ont été couronnés dans 100 Concours,* consentent à vendre seulement 1/3 de bons plants et à jeter le reste ?... Pourtant, c'est ainsi que doit faire un marchand consciencieux, car, la vente d'un mauvais plant est un vrai désastre pour le planteur, qui s'apercevra seulement trois ans après qu'il a été trompé et qu'il lui faut recommencer à nouveau sa plantation.

Enfin nous dirons simplement notre manière de faire et les soins minutieux que nous prenons pour le choix des plants, tant de ceux que nous livrons à nos honorables clients, que de ceux que nous gardons pour nous. Mais malgré le succès de nos plantations, succès qu'a constaté en 1869, après le Concours du mois de mai, la Société d'Horticulture d'Angers, dont alors nous avions l'honneur de faire partie, ainsi que de la Société Industrielle, nous laisserons aux amateurs le soin de juger notre méthode après en avoir fait eux-mêmes l'expérience dans leur jardin. Nous avons la conviction entière que, s'ils veulent bien suivre nos avis, ils auront, quel que soit leur champ d'expérience, une bonne réussite, et la beauté des produits qu'ils obtiendront les dédommagera en peu d'années des frais peu considérables qu'ils auront faits.

Nous sommes en 1881. Six années se sont écoulées depuis la publication de notre petit opuscule, et notre méthode appliquée dans toute la France et dans toute sorte de terrains a donné les plus heureux résultats, soit en grande, soit en petite culture. Nous avons là des centaines de lettres qui en font foi, quand nous n'aurions pas par ailleurs à présenter les récompenses flatteuses qui nous ont été décernées dans les grands concours où nos produits ont été exposés. Nos éditions précédentes sont épuisées, et en livrant à l'impression notre quatrième édition, nous y consignerons des observations nouvelles qui seront accueillies avec faveur du public. Notre opuscule en main un propriétaire quelconque, même peu versé dans la science horticole, pourra rivaliser pour la plantation et la culture des asperges

1.

avec les plus vieux praticiens, quelque soit du reste le but qu'il se proposera, ou bien d'alimenter sa table d'un succulent légume, ou bien d'approvisionner le marché voisin avec ses magnifiques produits.

Nous ajouterons en matière d'appendice quelques notes sur les profits à tirer d'une aspergerie. Ces notes pourront guider dans l'établissement d'une grande plantation et éviter aux propriétaires, dans certains cas donnés, une ruineuse expérience.

AVANT-PROPOS

Lorsqu'en 1876 nous fîmes paraître la troisième édition de la brochure que nous rééditons aujourd'hui, nous nous étions surtout proposé d'établir un guide pratique de la plantation et de la culture de l'asperge.

Pour cela nous avions recherché pour nos définitions et les règles dont nous recommandions l'observation, la plus grande lucidité.

Nous avions cru alors et nous croyons encore aujourd'hui avoir atteint le but que nous nous proposions. Nul reproche ne nous a jamais été adressé à ce sujet, et les bons résultats obtenus par la presque totalité de ceux qui ont mis en pratique nos conseils, nous ont prouvé que nous avions été compris. Ne voulant point faire étalage de ces témoignages qui ont été une de nos plus grandes joies, nous nous abstiendrons de les citer ici, quoique l'autorisation expresse nous en ait été souvent offerte spontanément.

En présence de résultats aussi satisfaisants, nous nous serions probablement borné à une nouvelle édition, copie exacte de la précédente, si de nouveaux besoins n'eussent surgi. Le développement inattendu qu'a pris de nos jours la culture de l'asperge, a fait ranger cette branche de la science horticole parmi les plus importantes. Animé d'un louable désir de bien faire, chacun s'est mis à l'œuvre, et les résultats obtenus ont amené naturellement des réflexions sur les divergences qui existent entre les nouvelles méthodes et les anciens errements. La première de toutes les objections qui nous était faite, portait presqu'invariablement sur le même sujet. Frappés de la simplicité économique des travaux préparatoires à la plantation, beaucoup les croyaient insuffisants. « N'est-il pas indispensable ou du moins nécessaire, nous disait-on, de creuser des fosses profondes, d'y enfouir du bois, des pierres, etc., etc. Votre méthode, dont je saisis fort bien les avantages au point de vue économique, est-elle également certaine ?... Je désirerais à ce sujet quelques explications. »

Pour justifier nos procédés, nous étions obligé de

faire constater par les intéressés, les besoins de l'asperge, et de démontrer que notre méthode y satisfaisait entièrement. Tout en cherchant à porter la lumière dans l'esprit de nos honorables clients, nous étions cependant contraint de nous restreindre; le cadre d'une lettre nous obligeant à être court.

Ces demandes souvent réitérées, dans ces dernières années surtout, où, grâce à Dieu, nous avons pu donner à nos cultures et à nos envois de plants, une extension considérable, nous ont imposé l'obligation de mettre d'une façon plus complète, dans cette nouvelle édition, *la raison à côté de la méthode*, et de résoudre tout d'abord toutes les difficultés qui peuvent se présenter, de résoudre en un mot les objections avant qu'elles ne soient formulées.

L'expérience nous ayant démontré la certitude de notre méthode, nous n'y changerons rien, mais nous l'expliquerons dans cet avant-propos. Intercalées dans le corps de l'ouvrage, ces réflexions auraient pu rendre diffus et embarrassés des préceptes que nous nous étions attaché à rendre courts et clairs. Nous avons donc préféré les exposer tout-d'un jet, ce qui nous épargnera, ainsi qu'à nos lecteurs, des redites et des renvois.

I

Entre toutes les variétés de plantes potagères qui enrichissent nos jardins, l'asperge se distingue par une qualité que tous s'accordent à lui reconnaître. Je veux parler de sa *rusticité*, terme à peu près généralement admis, quoiqu'impropre. Peu délicate sur le choix du sol, elle rémunère généreusement l'amateur qui lui prodigue ses soins, sans se montrer toutefois ingrate envers le spéculateur qui l'installe dans les terrains dont il peut disposer. A l'un comme à l'autre, elle ne demande que des soins intelligents, et j'oserais presque ajouter, que la liberté. Car, disons-le hautement, jusqu'à la rénovation de la méthode on n'a généralement pas péché par défaut, mais bien par excès. Sans tenir compte des besoins de la plante, si clairement annoncés cependant par sa conformation et sa façon de végéter, on lui a infligé un traitement de tout point antipathique à sa nature. L'asperge. avide d'air et de chaleur, a été rigoureusement et méthodiquement enfouie à une profondeur qui lui permettait à peine de se faire jour. Invinciblement attirée vers la surface du sol, elle s'élevait naturellement, en laissant à chaque station, ses racines atrophiées et pourries, et en projetait de nouvelles vers la partie supérieure de la couronne. Aussitôt cette marche ascensionnelle constatée, on s'est mis l'esprit à la torture pour *remédier* à ce mal, et l'on a trouvé *l'ingénieux* procédé des rechargements successifs et réglés. Aussi quoi qu'elle fît, la malheureuse ne parvenait jamais à posséder ses conditions naturelles d'existence. En revanche elle ne donnait à ses impitoyables amis que les affreux produits que l'on sait.

Après de longues années péniblement traînées le long de cette ornière, apparurent les Aspergiers d'Argenteuil. En possession d'un sol éminemment favorable, leurs premiers essais furent des coups de maîtres, et vainqueurs incontestés dans un concours, ils se virent, dit la chronique, frustrés de leur récompense par le jury, sous le fallacieux prétexte qu'étant en possession d'un sol plus parfait, ils ne devaient pas concourir sur un pied d'égalité avec leurs rivaux. Ce déni de justice sauva l'art. Stimulés par cet échec partiel, les intelligents maraîchers se remirent courageusement à l'œuvre et leurs travaux, justifiés par des succès progressifs, perfectionnés par l'expérience, nous donnèrent la nouvelle méthode. On commença, dès lors, à ne plus creuser pour la plantation les immenses fosses primitives, l'on s'abstint également de déposer les jeunes griffes sur ces couches de bois ou de pierres qui garnissaient le fond des fosses. La raison vint dire aux praticiens . « Mais si l'asperge a une tendance invincible à se rapprocher du sol, c'est évidemment parce que ce milieu lui convient. Considérez la structure de la griffe que vous vous disposez à mettre en terre, voyez dans quel sens elle étend ses racines. Et, si vous voulez arriver à la vérité par la comparaison, prenez une de ces plantes à racines longues et pivotantes s'enfonçant profondément dans le sol, et dites-moi la raison de ce contraste. Cette raison, la voici : La nature, admirablement ordonnée et prévoyante distributrice de ses forces vives, ménage à chacune des innombrables plantes qu'elle nourrit, le moyen de puiser dans son sein les sucs nourriciers dont elle a besoin. Si, par un raisonnement peu logique, vous refoulez dans les couches inférieures la plante qui tend à s'élever à la surface, vous pouvez être certain à l'avance du résultat négatif de votre opération. Vous n'obligerez pas plus les plantes à modifier leurs conditions naturelles d'existence que vous ne contraindrez l'oiseau à ramper ou les reptiles à fendre les airs. La disposition des racines longues et nombreuses de l'asperge lui permet d'aller chercher, dans un périmètre relativement étendu, la substance alimentaire que sa conformation lui interdit d'attirer des profondeurs ; sa nature robuste défiant les plus fortes gelées et craignant peu les sécheresses ne l'oblige pas à chercher un refuge dans les couches voisines du sous-sol. Ne la contraignez donc pas à végéter pauvrement sous une couche de terre épaisse et presque toujours par cela même, compacte, qui l'écrase ; mais laissez-la se développer librement dans un milieu où l'air qu'elle recherche lui arrivera sans obstacle. Son instinct, plus sûr que votre sagacité oblitérée, lui fait choisir le milieu où elle pourra rémunérer d'une façon prodigue vos soins intelligents ou tout au moins votre tolérance. »

Ces déductions logiques comprises et immédiatement pratiquées, amenèrent donc une révolution générale dans la plantation. Aux anciennes fosses dont j'ai parlé plus haut, on substitua les rigoles actuelles, d'une profondeur de 20 à 25 centimètres, selon la nature du sol ; et dès les premiers essais de ce genre, une végétation luxuriante vint annoncer que l'on avait atteint le but.

La substitution de ce nouveau système à l'ancien fut généralement comprise et pratiquée. Ses avantages économiques incontestables et les résultats qu'il donna tout d'abord, le mirent bientôt hors de tout conteste, et aujourd'hui nous avons l'espoir de ne prêcher à peu près que des convertis. Néanmoins, pour arriver à une réussite parfaite, il ne suffit pas de planter dans de bonnes conditions, il faut compléter l'œuvre par des soins intelligents. Nous allons les exposer dans le paragraphe suivant en traitant l'importante question du buttage.

II

Un de mes clients me posait en mars 1881 une question qui, je n'en doute pas, a été soumise cent fois à mes collègues ou à tout amateur expérimenté. « J'ai peine, me disait-il, à concilier la méthode que « vous préconisez avec ce que j'ai pratiqué et vu « pratiquer jusqu'à présent. Ici, nous recouvrons « avant l'hiver nos carrés d'asperges d'une couche « de fumier, litière ou terreau, aussi épaisse que « possible, tandis que vous prescrivez au contraire « de dégarnir pendant l'hiver pour butter au prin- « temps. Soyez assez bon pour me donner la raison « de cette divergence. »

Je veux ici généraliser les motifs au moyen desquels je justifiai mes conseils, et je dirai à tous mes lecteurs : Qui d'entre vous ne se souvient de l'aspect qu'offrait aux jours passés, l'aspergerie de la maison paternelle, du presbytère ou du château voisin?...

Cette épaisse couche de fumier, déposée sur un sol uniformément plat, puissant auxiliaire de la stagnation des eaux pluviales pendant l'hiver, était au printemps enfouie vaille que vaille, par un labour à la fourche. Après avoir pendant 4 ou 5 mois, intercepté les rayons du soleil si nécessaires aux griffes, et par ce fait, retardé la récolte, elle restait de nul effet en tant qu'engrais, car nous savons ce qu'il en était de ces labours à la fourche. La crainte d'ébranler les racines, la compacité du sol, piétiné avant et pendant ce même labour ; le rendaient à peu près nul, et sauf quelques exceptions dans les terrains meubles et très friables, rien n'était attristant comme le coup d'œil jeté sur une aspergerie après cette opération.

L'ameublissement toujours impossible en pareil cas n'avait pu être obtenu ; le peu de profondeur du labour n'avait permis d'enfouir complètement ni le fumier, ni les mauvaises herbes, et toute l'étendue du carré, raboteuse, inégale et durcie, n'offrait qu'une surface d'où émergaient çà et là le fumier desséché et les herbes parasites, ces dernières se préparant à fournir, au détriment de l'asperge, une luxuriante végétation.

Mais c'était surtout au pied. ou plutôt au-dessus des touffes que se localisaient les désastres que je viens de signaler. Le labour superficiel auquel on avait été forcément obligé de se restreindre pour ne pas avarier les jeunes pousses (ce qui néanmoins arrivait sept fois sur dix) ayant contraint l'opérateur à laisser tout ou partie du fumier à la surface du sol, les griffes se trouvaient par ce fait privées de l'engrais qu'on leur destinait, et qu'un travail raisonné leur eut assuré. De plus, les jeunes turions en traversant cette couche de fumier à peine décomposé, en tout cas non assimilé au terrain, contractaient par son contact le germe d'une carie ou rouille qui les faisait prendre pour de vieilles asperges, et une amertume qui les rendait aussi désagréables au goût que laides à voir. Pour être équitable, il faudrait ajouter à ce tableau, déjà si chargé, les pertes résultant de l'emploi de procédés aussi peu rationnels.

En regard de ces procédés surannés nous opposons le buttage de saison, dont nos lecteurs comprendront toute l'utilité. Comme nous l'avons expliqué plus haut, l'asperge qui ne souffre guère des plus fortes gelées doit être déchargée en automne, et la terre sera rapportée entre les lignes de manière à y former un léger ados. L'engrais (fumier ou compost) sera déposé aux pieds des griffes comme il est expliqué à notre chapitre VIII. La couche de terre relativement minime qui recouvre alors les griffes, permet aux premiers rayons du soleil de printemps de leur arriver en toute liberté. Du 1er février au 15 mars (suivant la nature du sol) doit se faire le buttage. Les ados rejetés entre les lignes sont alors ramenés au pied des griffes et y restent jusqu'après la récolte. Les jeunes turions se développent en toute liberté dans cette terre parfaitement ameublie par un labour récent, et la circulation, qui dans les anciens carrés s'établissait partout, mais surtout dans le voisinage des touffes, est, dans les nouvelles aspergeries, rigoureusement circonscrite entre les billons.

Cette disposition est, au reste, la seule qui permette de pratiquer la récolte avec sagacité. Sur une surface uniformément plane au moment de la cueillette, là où le terrain est, par cela même, compact, il est à peu près impossible de mettre à nu l'asperge que l'on se dispose à cueillir, et malgré toutes les précautions avec lesquelles on procède, il arrive fréquemment que les turions voisins sont brisés par l'outil dont on se sert pour cette opération. Le tiers au moins de la récolte est perdu de cette façon, et de plus le tronçon de l'asperge cueillie, restant attaché à la couronne, absorbe au détriment des turions non encore arrivés à maturité, une partie de la sève qui non seulement reste alors inutile, mais fait contracter par son écoulement sur les pousses avoisinantes une rouille qui les avarie.

Tous ces inconvénients sont annihilés par notre façon d'opérer. En raison de la déclivité des billons ou des buttes, et de l'ameublissement de la terre qui les forme, il est toujours facile d'arriver au pied de l'asperge, et de la détacher sans aucun préjudice pour ses voisines et sans en laisser une notable partie attachée à la couronne. C'est la pratique exclusive de cette façon d'opérer qui assure aux cultivateurs d'Argenteuil leur supériorité incontestée, et nul n'hésitera à s'engager dans la voie ouverte par de tels maîtres.

Une des dernières et des plus puissantes considérations que nous puissions faire valoir en faveur du système que nous préconisons est celle-ci : La concentration de la terre végétale autour de la plante facilite la sortie des turions, et leur permet d'acquérir promptement toute la beauté dont ils sont susceptibles. L'asperge se développant à l'air libre diminue de grosseur et devient coriace, tandis qu'au contraire elle augmente de volume et conserve ses qualités lorsque sa croissance est protégée par une couche de terre facilement perméable aux agents atmosphériques. Sur ce point nul ne nous contredira, et n'y eut-il que cette seule raison à militer en notre faveur elle serait toute-puissante.

Ces préliminaires posés, nous entrons dans les détails pratiques.

CULTURE DE L'ASPERGE

I

Du choix et de la préparation du terrain.

Quel terrain convient mieux pour la plantation d'une aspergerie? Cette question a eu jusqu'ici les solutions les plus diverses, et nous avons lu dans des auteurs, très-recommandables d'ailleurs, des assertions qui, tout d'abord, semblaient des contradictions les plus étranges. D'où venaient ces contradictions apparentes? Sans doute du milieu dans lequel ces horticulteurs avaient travaillé, car en voyant la belle réussite de leurs plantations, ils étaient naturellement portés à croire que leur sol semblait convenir *seul* à la prospérité de l'asperge.

Depuis vingt ans que nous nous occupons sérieusement de la culture de cette précieuse plante, nous avons visité un certain nombre d'aspergeries, dont quelques-unes avaient mérité un renom; nous en avons établi nous-mêmes dans des terrains de na-

2

tures entièrement différentes ; *dans des sols calcaires à l'excès*, puisque le sous-sol fournissait la
pierre à chaux alimentant de nombreux fourneaux
voisins, dans des sols arides, sablonneux, sans
humus et totalement privés de calcaire, ainsi que
l'a démontré l'analyse chimique que nous en avons
fait faire ; nous avons planté des asperges dans des
terrains plus argileux que légers, dans des landes
tourbeuses n'ayant jamais été cultivées, et défrichées seulement depuis trois ans, et nous pouvons
assurer que partout nous avons vu le succès cou-
ronner nos efforts. Ces expériences tentées sur une
vaste échelle n'ont pas été simplement passagères.
Ces cultures commencées à Martigné pendant notre
séjour dans cette commune et continuées depuis
dix-sept ans à la Breille, ont été visitées par des
centaines de personnes de toutes conditions et
tellement peu disposées, qu'elles avaient encore
peine à croire ce que pourtant elles avaient sous les
yeux, et la plantation persévère toujours, offrant
chaque année sa luxuriante végétation et ses magnifiques produits.

De ces faits, nous concluons que *l'Asperge peut
végéter partout, moyennant les soins d'une culture intelligente*. Elle aime les calcaires, elle aime

aussi les sables, elle végète également parfaitement dans des terres tourbeuses, pourvu qu'elles ne soient pas trop argileuses et ne conservent pas une excessive humidité.

Nous avons dit que l'asperge prospèrera à peu près partout, *moyennant les soins* d'une culture intelligente. Ici nous ferons observer que, bien souvent, c'est très inutilement que certains amateurs s'imposent des frais énormes pour effectuer une plantation. Nous avons reçu depuis plusieurs années communication de projets de la part de quelques propriétaires qui, s'ils avaient été réalisés, auraient porté la dépense d'un carré de cent griffes au delà de 150 fr. On voulait remplacer le sol d'un terrain, déjà bon, par des sables amenés à grand frais d'une distance considérable, employer des engrais extrêmement dispendieux, etc.

Je ne sais pas où a pris naissance le préjugé profondément enraciné dans le public, surtout parmi les propriétaires aisés, qu'il faut nécessairement faire de grand frais pour installer un carré d'asperges, et que sans cela il est impossible d'avoir de *beaux et bons* produits. Vient-il de la spéculation ou de l'ignorance ? Je ne sais, mais il existe, il faut bien le constater, et celui qui, pour la plantation de ce précieux légume, suivra une voie toute simple, n'occasionnant que de très minimes dépenses pourra bien s'exposer à voir combattre avec archarnement son système, *par les routiniers du métier.* C'est le sort ordinaire de tout inventeur d'avoir ses détracteurs intéressés, jusqu'au moment où, l'évidence faisant disparaître les préjugés, amène enfin des imitateurs.

Cependant vingt années d'expériences réitérées nous font croire que le terrain léger, sablonneux, conservant quelque fraîcheur pendant l'été, quelle que soit du reste sa nature, convient par-dessus tout à la bonne prospérité de l'asperge, tandis qu'un terrain plus argileux et compact offre moins de ressources et demande des frais d'installation et de culture beaucoup plus considérables, sans espérance d'une aussi complète réussite.

Pour résumer : le terrain dont vous disposez est-il de bonne nature, plus léger qu'argileux, ne se croûtant pas trop sous l'influence de la pluie, sans retenir l'eau en surabondance dans la mauvaise saison, plantez sans crainte en suivant les indications que vous trouverez plus loin, vous réussirez certainement. Si votre terre est plus forte que légère sans humidité stagnante, ameublissez-la chaque année, par l'addition de sable et débris végétaux , « mais pour la plantation, contentez-vous « de mettre la première année, au-dessus des « plants, 8 centimètres de terreau mélangé de 2/3 de « sable si vous l'avez facilement à votre disposition, « sinon deux ou trois litres environ, afin que les « jeunes pousses puissent facilement percer la sur- « face, qui ainsi ne se croûtera pas sous l'action des « agents atmosphériques. Puis, chaque année, pour « faciliter la sortie des asperges, répétez en mars la « même opération au-dessus de chaque plant, rem- « plaçant la terre du carré par un petit monticule « de terreau ainsi préparé, et alors les asperges « sortiront droites, belles et d'une cueillette facile. « Les labours mêleront ensuite ce terreau au sol « environnant, qui ainsi s'ameublira de plus en « plus chaque année. »

Dans un sol constamment trop humide, l'asperge ne prospérera qu'autant qu'elle sera cultivée à la surface et entre des tranchées assez profondes pour retirer l'eau qui ne doit jamais rester auprès des racines. Mais nous traiterons cette question à l'article de la plantation.

Maintenant, quoique l'asperge puisse prospérer et donner des produits satisfaisants dans des lieux qui lui sembleraient défavorables, on devra éviter le voisinage des grands arbres et des bois dont les racines viendraient disputer aux plants leur nourriture; ôter autant que possible du sol les cailloux dont la présence nuirait à la sortie des turions en les forçant à se contourner, et par là en rendrait la récolte plus difficile.

Lorsqu'on aura fait choix du terrain à planter, on commencera à le travailler, dès le mois de septembre si c'est possible, afin que les engrais aient le temps de se bien consommer avant la plantation, qui se fera depuis le 15 février jusqu'au 15 mai au plus tard. Dans le midi, on peut planter à l'automne, lorsque les plants ont complètement cessé leur végétation, mais dans le Nord et au Centre où l'humidité de l'hiver est plus grande, il vaut mieux attendre au mois de mars, sous peine de voir la plantation compromise dès le principe par la pourriture des racines (1).

(1) Nous conseillons la plantation de printemps, de février à avril, pour deux raisons: la première c'est que la plantation d'automne n'avance rien; la deuxième c'est que si l'hiver est pluvieux la plantation est compromise par la pourriture des racines toujours plus ou moins avariées par l'arrachage, quelque soit le soin qui a été pris.

Bien que nous ayons pour notre aspergerie un engrais spécial dont nous conseillons vivement l'emploi, ainsi que nous le dirons plus loin, cependant pour ce premier travail on peut se contenter de fumier ordinaire, pourvu qu'il soit déjà bien consommé. La boue des villes, après quelque temps de fermentation, constitue un excellent engrais, mais il faut qu'elle soit bien expurgée des pierres et des tessons qu'elle peut contenir. On étend ce fumier à la surface du terrain à planter (si ce terrain est déja fertile un mètre cube par are suffit ordinairement), et par un beau temps autant que possible, surtout si la terre est forte, on défoncera et on retournera le sol à 0 m. 40 c. de profondeur, puis on le laissera en repos pendant tout l'hiver. Mais lorsque l'on emploie pour fumer le compost composé, comme il dit plus loin, on peut sans inconvénient attendre au moment de la plantation pour travailler le sol.

II

Engrais

Quelques auteurs dans ces dernières années ont prétendu que la variété dite *Précoce d'Argenteuil*, si remarquable par la magnificence de ses produits,

se cultivait sans engrais, et dans les plus mauvais
sols. Ceux qui ont pris au sérieux cette plaisanterie
et ont planté leur aspergerie d'après ces singulières
assertions, ont dû être très étonnés de voir leurs
frais faits en pure perte, et d'être obligés d'arracher
leurs plants après trois ou quatre années d'une
misérable végétation, juste au moment où l'aspergerie aurait dû donner de beaux et nombreux
produits.

Ce qu'il y a de certain, c'est que l'asperge est très
avide d'engrais et qu'elle réussit généralement avec
le premier venu, mais comme elle émet une énorme
quantité de racines, elle a besoin pour se développer et donner de beaux et nombreux produits,
d'une copieuse fumure. Elle rapportera d'autant
plus qu'elle sera plus abondamment fumée. Depuis
vingt ans que nous cultivons cette précieuse plante,
nous avons fait beaucoup d'expériences et d'essais.
Voici le résultat de nos observations :

Dans les terres argileuses et naturellement froides,
la fumure qui donnera les meilleurs résultats sera
un compost de fumier d'étable (mélange autant que
possible de fumier de cheval, bêtes à cornes et
cochons) et de débris de toutes sortes de végétaux,
feuilles mortes, mauvaises herbes, bois pourri; etc...

arrosés avec des purins additionnés de quelques kilogr. de sulfate de fer ou d'acide sulfurique. Ce compost, recoupé deux ou trois fois, intimement mélangé et rendu onctueux par les arrosements qui eux-mêmes sont un très puissant engrais, produit d'excellents effets, et je le regarde comme le meilleur, parce qu'en nourrissant la plante il donne au sol un amendement considérable. Ceux qui sont auprès des villes et qui peuvent se procurer à bas pris des vidanges et des balayures des rues, emploiront très utilement ces déchets après les avoir fait fermenter en gros tas pendant cinq à six mois, et les avoir débarrassés des tessons qu'ils contiennent oujours, en les passant à la claie.

Quelques kilog. de sel jetés dans les purins ou les vidanges destinés aux arrosements, augmentent la richesse des composts, et partant leur puissance fertilisante. Ceux qui habitent les bords de la mer emploieront aussi très utilement les boues de mer desséchées dans la confection de leurs composts, dans lesquels ils n'oublieront pas d'introduire une notable quatité de plantes marines. Ces éléments salés, très favorables à la végétation de l'asperge, la rendent aussi peut-être plus savoureuse, ce qui n'est pas à dédaigner quand on peut obtenir avec cela, un rendement considérable et de la plus grande beauté. Toutes les cendres de bois et même de houille conviennent également aux asperges, surtout quand elles entrent dans la confection des composts, qui, je le répète, *forment l'engrais par excellence pour cette culture*, et cela dans tous les sols où peut prospérer cette plante.

Pour ceux qui ne peuvent, ou qui ne veulent pas se donner la peine de fabriquer les composts que nous venons de décrire, qu'ils se contentent de mettre chaque année sur leurs asperges des fumiers d'étable les plus gras et les plus décomposés, employant de préférence les fumiers de bêtes a cornes dans les terres légères, sableuses et chaudes, et les fumiers de cheval dans celles qui sont argileuses et froides.

Mais s'ils n'ont qu'un petit carré pour la consommation de leur maison, qu'ils fassent ramasser tous les débris quelconques du jardin, de la basse-cour, et après avoir entassé ces déchets dans quelque coin, abrité contre les pluies et les rayons trop ardents du soleil, qu'ils les fassent arroser avec des purins ou des vidanges désinfectés avec quelques kilogrammes de sulfate de fer et additionnés de trois ou quatre fois leur volume d'eau. Puis à l'automne, qu'ils étendent sur leurs asperges préalablement déchaussées, ce compost ainsi préparé, dans la proportion d'un mètre cube par 100 plants, et nous leur prédisons une réussite telle, qu'ils seront étonnés de la magnifique végétation de leur aspergerie, dont la durée pourra dépasser trente ans.

Engrais chimiques. — Dans ces dernières années, on a préconisé pour toutes les cultures, l'emploi d'engrais minéraux composés d'après les indications d'un savant chimiste, M. Georges Ville. Ces engrais donnant généralement des résultats satisfaisants pour certaines plantes, on m'a demandé souvent si la réussite aurait aussi lieu pour la culture de l'asperge. Voici sur ce sujet important la réponse que je crois devoir faire:

Les engrais minéraux, malgré les affirmations contraires des chimistes, présentent, avec d'incontestables avantages, de graves inconvénients dans leur emploi exclusif. Ils enlèvent au sol, par leur apport continu, tout l'humus qu'il peut contenir, en sorte qu'après 8 ou 10 ans de cette culture la terre ainsi traitée ne contiendrait plus de matières animales et végétales et deviendrait aussi aride que du sable pur. Aussi malgré une expérience de plusieurs années et qui semblerait concluante, je ne puis me résoudre à conseiller pour une aspergerie l'emploi exclusif des engrais minéraux. Que les cultivateurs n'oublient pas que le fumier d'étable est le premier de nos engrais, et que les engrais chimiques et minéraux ne doivent en être que les auxiliaires. Si cet axiome est vrai pour toutes les cultures, il est plus vrai encore pour celle de l'asperge. Employez si vous voulez pour votre aspergerie des engrais chimiques pour moitié de la fumure annuelle, mais n'oubliez pas d'apporter le reste en bon fumier ordinaire, si vous n'employez pas le compost conseillé plus haut à l'article II, et qui renferme par sa composition une notable quantité de principes minéraux. (*Voir à la page 73 la note relative à l'Engrais Morsan.*)

III

Choix des plants

Voilà la partie vraiment difficile d'une plantation d'asperges. C'est là que viennent échouer tous ceux qui n'ont pas fait de cette plante une étude spéciale et qui, confiants dans les lumières d'un jardinier, qui n'a jamais étudié la question, mais qui sait fort bien tailler et palisser avec art un pêcher, voire même mettre en pots et soigner des camélias, des azalées, des pélargoniums et toutes ces plantes qui ornent si splendidement nos serres depuis le 1er janvier jusqu'au 31 décembre, plantent, sur la foi de leur prétendue science, des plants impossibles, après avoir, sur leurs ordres, fait des frais, dont le détail ferait rire, s'il n'était un manifeste abus de confiance.

Il y a vingt ans, lorsque nous avons entrepris la culture de l'asperge, nous étisons, comme tout le monde, imbu des préjugés que nous ne saurions trop combattre aujourd'hui.

Nous croyions que l'asperge n'avait besoin que d'engrais pour donner de beaux produits et que le plant était chose très indifférente. Depuis, nous avons étudié notre chère plante, nous avons suivi sa végétation dans les différentes phases de son existence, depuis le semis en pépinière jusqu'à son complet développement dans le lieu où elle a été placée ; nous l'avons étudiée dans des terres de nature fort diverses, dans des calcaires presque purs, et dans des sables qui en étaient totalement privés ; dans des terres plus argileuses que légères, dans des sols tourbeux et acides nouvellement défrichés, et partout le résultat a été le même. A côté de touffes d'une beauté merveilleuse et donnant

en quantité de magnifiques produits, il y en avait
d'autres ayant toujours l'air souffreteux malgré des
soins réitérés, et donnant des produits étiolés et de
nulle valeur. Pendant cinq ans nous nous demandions inutilement quelle pouvait être la cause d'une
pareille anomalie, puisque nous avions planté des
griffes sorties des mêmes graines, prises dans les
mêmes pépinières et cultivées avec les mêmes soins.
Alors nous avons eu la pensée de faire des essais
comparatifs ; de planter séparément des griffes
ayant à leur sortie de la pépinière certains caractères plus accentués que les autres. Nous en avons
pris de différentes forces et de différents âges, et
partout le résultat a été le même. *Les plants ayant
les caractères que nous demandons à un bon plant,*
caractères qui naissent avec la plante, ont donné
partout de merveilleux résultats, et ont admirablement répondu à nos soins. Les autres, au contraire, malgré le développement qu'ils ont pris,
n'ont donné que des tiges chétives, en nombre parfois assez grand, mais jamais n'ont offert ces
asperges de choix si recherchées par les amateurs,
et dont la splendide beauté excite l'admiration de
ceux qui les voient pour la première fois.

Alors nous fûmes naturellement amené à conclure qu'il fallait bien que notre graine, quelque bonne qu'elle nous eût paru, eût néanmoins le défaut capital de produire des bons et des mauvais plants. D'autres graines, sorties de maisons renommées d'Argenteuil et de Paris, nous ayant à plusieurs reprises donné la même différence et plus accentuée encore, nous déduisîmes de nos observations pratiques cette conclusion qui nous a paru rigoureuse : « Que la graine d'asperges, quelle que soit sa provenance ou sa variété, produit toujours de bons et de mauvais plants, en proportion qui varie selon la qualité du sujet qui l'a fourni, la place qu'il occupait dans l'aspergerie et le soin qui a été pris pour en faire la récolte. » Cette proportion peut varier de 1/4 à 2/3 selon la graine. Nous n'avons jamais dépassé 2/3, et une année, en 1873, nous n'avons pas même obtenu 1/4. De cette première conclusion, en découlera aussi naturellement une autre, celle ci : «Que le propriétaire qui veut avoir une plantation, donnant en grande quantité de beaux et bons produits, devra se procurer lui-même sa graine, la semer, la soigner avec sollicitude pendant la première période de végétation et prendre, en mars suivant, les plants présentant les caractères que nous décrivons plus loin, et jeter le reste. » Que s'il est pressé de planter qu'il s'adresse à un horticulteur spécialiste, consciencieux, qui ne garde pas les bons plants pour ses cultures afin d'en faire parade pour obtenir les prix dans les concours et mieux se débarrasser de ses rebuts ; autrement neuf fois sur dix il sera trompé, et plantera dix bons plants à peine sur cent, c'est-à-dire qu'il en sera pour ses frais de plantation, qu'il lui faudra renouveler infailliblement trois ans après, juste au moment où cette plantation devrait lui donner ses premiers produits.

IV

Caractères d'un bon et d'un mauvais plant

Plusieurs auteurs très recommandab'es ont décrit ces caractères dans des ouvrages réellement sérieux. Nous répéterons après eux nos propres observations.

Le *bon plant*, quel que soit son âge, mais surtout la première année (plant qui est le meilleur, ainsi que nous le disons plus loin), doit présenter ces caractères faciles à reconnaître par toute personne, même d'une intelligence très ordinaire.

Les racines sont grosses, bien développées, relativement courtes, ne dépassant pas ordinairement pour le plus fort plant, 10 à 15 ; et 6 à 8 pour le plus faible. La couronne est large et ne doit porter qu'un petit nombre d'yeux bien développés par la base, bien tuméfiés et arrondis. Ces yeux sont ordinairement disposés d'un seul côté. Cependant, il y a des plants qui prennent dès la première année de grands développements et offrent des yeux également beaux de deux côtés. Ces plants sont bons et même très bons ; leur production sera considérable et belle ; mais ordinairement ils sont en petit nombre dans une pépinière, et ont par conséquent une grande valeur. Nous avons vendu de ces plants, 10 et même 12 francs le 100 ; mais ils en valaient bien le double pour la qualité et la certitude de la réussite.

Un *mauvais plant* présente ordinairement ces caractères : Racines allongées grêles et plus souvent en petit nombre : couronne peu développée et garnie d'un nombre assez considérable de petits yeux pointus. Le plant qui présente ces caractères, quelles que soient, du reste, sa force et sa beauté, pourra parfois donner des turions assez nombreux, mais jamais il ne produira de belles asperges. Un pareil plant n'est bon qu'à jeter au fumier. *Quelle que soit sa provenance*, sa plantation |donnera certainement au planteur une cruelle déception.

V

Quel âge doit avoir le plant

Presque tous les jardiniers font planter aux propriétaires des plants de deux et *même de trois ans*. C'est à tort. Des expériences réitérées nous ont prouvé, après beaucoup d'autres horticulteurs, *que le plant d'un an est infiniment préférable* et qu'il donne ses produits plus tôt que le plant de deux ans. Le plant de deux ans, ainsi que nous l'avons expérimenté plusieurs fois, est généralement trop fort (1), s'il a été bien soigné, et partant d'une reprise plus difficile. De plus, les bons plants sont beaucoup moins nombreux et moins faciles à

(1) L'asperge allonge ses racines dans le sens de leur longueur et ne les ramifie jamais. Elles pourrissent quand elles sont coupées. Un plant trop fort, et celui de deux ans est dans ce cas, est presque complètement mutilé à l'arrachage et la plante doit refaire de nouvelles racines quand elle est remise en place. Cette explication suffit pour faire comprendre pourquoi ceux qui ont fait une étude spéciale de la culture de l'asperge préfèrent le plant d'un an.

reconnaître, même par ceux qui ont l'habitude de les choisir. Pour notre compte nous ne plantons jamais *que du plant d'un an*, et pourtant, bien qu'il soit quelquefois un peu faible, nous avons eu dès la troisième année dans nos sables et en plein champ, des asperges atteignant 12 *centimètres* de tour, ainsi que l'ont constaté les délégués de la Société d'Horticulture d'Angers, lorsqu'ils ont visité nos cultures au mois de mai 1869.

Nos pépinières sont, *chaque année*, assez bien fournies de beaux plants, que nous offrons à des prix très modérés aux amateurs et aux propriétaires ; mais notre plant de deux ans est toujours en petit nombre, encore ne l'expédions-nous qu'à ceux qui en font la demande expresse ; ou bien à ceux dont les terres trop compactes, permettraient difficilement la bonne réussite d'un plant plus faible. *Ces plants sont toujours livrés avec une très sérieuse garantie de bonne réussite, s'ils sont plantés d'après notre méthode, et soignés pendant les premières années, d'une manière intelligente.* L'énorme quantité que nous rejetons nous met dans l'impossibilité de les livrer aux prix ordinaires des jardiniers, avec qui, du reste, nous ne chercherons jamais à faire concurrence, parce que nous tenons, avant tout, à livrer des plants irréprochables. Néanmoins, pour éviter une déception, nous prions instamment de faire la demande dès l'automne qui précédera la plantation, de peur d'être ajourné à l'année suivante, attendu que, jusqu'ici, nous n'avons jamais pu remplir les commandes qu'on nous a fait l'honneur de nous adresser.

Cette année nous avons été dans l'obligation d'ajourner un grand nombre de commandes et pourtant nous croyions avoir beaucoup semé.

Ici nous croyons devoir prémunir nos clients contre une méthode mise en avant par quelques amateurs inexpérimentés, qui, dans le but d'obtenir une avance d'une année, sèment leurs asperges sur place. C'est une faute : car, ces semis n'avancent en rien la récolte, et d'autre part, pour les raisons données ci-dessus, on s'expose à avoir une aspergerie défectueuse, les graines n'offrant jamais une sécurité absolue.

VI

Quelle variété faut-il cultiver?

Les variétés d'asperges sont nombreuses, mais toutes ne donnent pas des produits magnifiques et de longue durée. L'Allemagne, la Hollande et la Belgique ont cultivé l'asperge avec succès et ont fourni de bonnes variétés; mais toutes ces variétés ont été détrônées par *l'Asperge améliorée d'Argenteuil.*

« Argenteuil, dit M. Gressent, dans son *potager moderne*, nous a non seulement doté d'une variété d'asperges qui dépasse toutes les autres en volume et en qualité, mais encore d'une culture aussi simple qu'économique et féconde en résultats, et qui a détrôné toutes les anciennes méthodes de culture, aussi dispendieuses que nuisibles au développement de l'asperge.

« *L'Asperge améliorée d'Argenteuil*, lorsqu'elle est bien cultivée, mesure ordinairement 8 à 10 centimètre de tour. Sa longueur est de 35 centimètres. Elle est de qualité supérieure et tellement tendre qu'on peut la manger à moitié; au moins sur une longueur de 18 centimètres. Cette asperge n'est ni verte, ni violette, elle est panachée. Aucune variété n'a pu essayer de lutter avec celle-là pour le volume, la qualité et peut-être la fertilité. » (Gressent, *Potager moderne.*

C'est cette magnifique variété que nous cultivons dans nos sables et dans nos landes tourbeuses,

3.

et que nous avons exposée aux concours régionaux d'Angers en 1869 et 1877, à celui de Laval en 1870, à celui de Vannes en 1875, et de Tours en 1881. Elle nous a valu une médaille d'or, une de vermeil, deux de 1re classe à Paris, et quatre autres d'argent. Nous n'en cultivons pas d'autre pour la spéculation, et c'est aussi la seule dont nous conseillons aux propriétaires la culture, parce qu'elle est peut-être la moins exigeante, sous le rapport du terrain et des engrais, et que ses produits sont toujours très beaux et de qualité supérieure.

VII

Plantation (1).

L'installation du plant à demeure doit se faire d'après la qualité du sol et le but qu'on se propose. Un carré de rapport pour un propriétaire ordinaire sera planté différemment qu'une culture de spéculation.

(1) La plantation d'une aspergerie ne doit jamais s'effectuer dans un terrain où ont déjà végété des asperges, quelque convenable qu'il soit pour cette culture. Le nouveau plant n'y prospérerait pas. L'asperge, comme quelques autres plantes, ne doit revenir sur le même terrain que 10 ou 12 ans après.

Nous allons donc traiter la question sous ces deux points de vue, afin de donner, aux propriétaires et aux spéculateurs, le moyen de tirer le meilleur parti de leur aspergerie.

Nous dirons d'abord ce que nous faisons ici, et ensuite nous exposerons brièvement la méthode généralement suivie à Argenteuil, méthode dont la nôtre n'est qu'une imitation.

1° *Petite culture.* Nous appelons petite culture un carré qui ne contient pas plus de mille plants. Cette plantation peut s'effectuer de deux manières, ou par planches de deux lignes, ou par lignes espacées comme dans la grande culture. Nous traiterons la seconde à l'article suivant.

Lorsque le terrain à planter est dans de bonnes conditions de culture et convenable pour la réussite de l'asperge (1) on pourra disposer ses plants en planches de deux lignes. Dans ce but on ouvrira des fosses distantes les unes des autres de 1 m. 50 c., de 1 m. de largeur et de 0 m. 18 c. (2), en contre-

(1) Nous supposons que le terrain a été préalablement fumé et défoncé suivant les indications données à l'art. 1ᵉʳ.

(2) Dans cette opération on ne tiendra pas compte du fumier, qui toujours devra être intimement mêlé à la terre et non placé par couches sous les griffes, ainsi que cela se fait trop souvent.

bas du sol environnant. La terre extraite des fosses

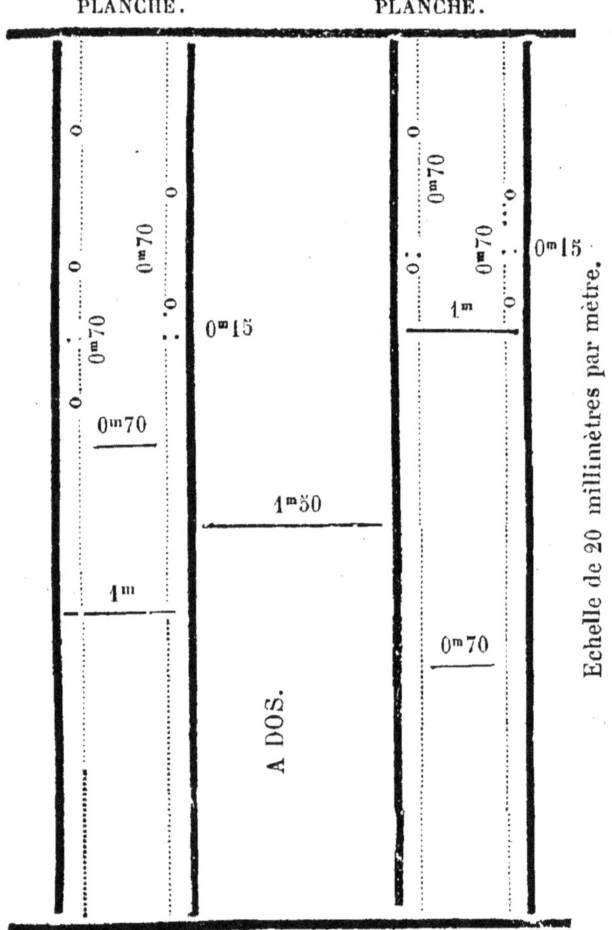

Plantation en planche de 2 lignes.

sera rejetée en ados entre les planches, où elle
restera, tant qu'elle ne sera pas nécessaire pour

Plan en relief d'une plantation en planches. A dos.

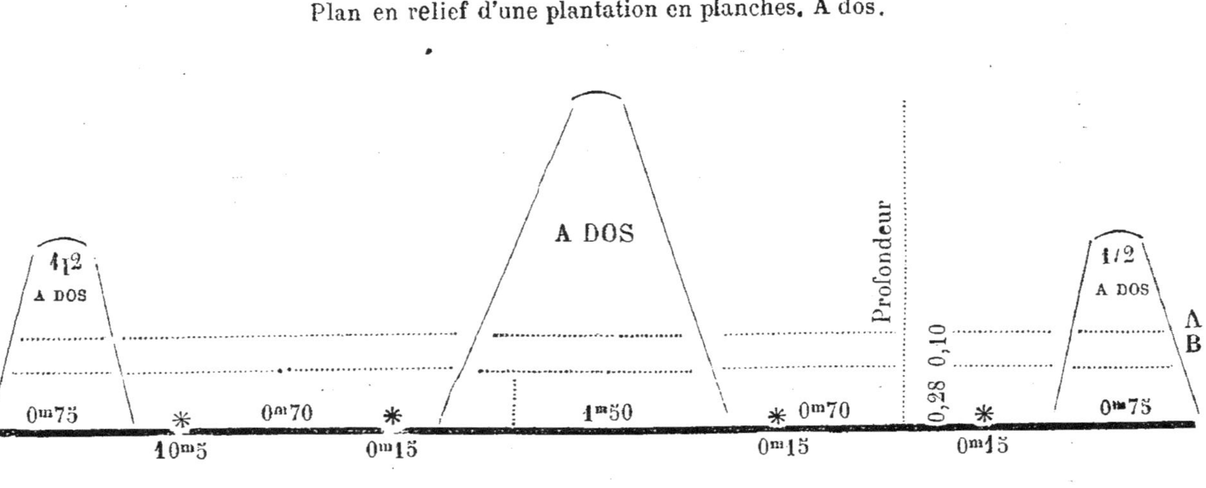

Échelle longitudinale. 20 millimètres. — Échelle verticale jusqu'à la ligne A. 40 millimètres par mètre.

butter les plants, c'est-à-dire jusqu'à la troisième année. Les lignes seront placées à 0 m. 15 c. des bords de la fosse et il devra y avoir 0 m. 70 c. entre les griffes qui seront disposées en quinconce.

On se gardera de labourer le fond de la fosse et de l'ameublir. L'asperge a besoin de courir sur le sol, et non de s'y enfoncer. Si les racines sont trop profondes, elles ne subissent pas les influences du soleil au printemps, le sol ne s'échauffant que très tard aussi profondément, la végétation en est retardée, et la récolte commence plus de quinze jours plus tard.

Plantation en terre humide. Ce que nous venons de dire regarde les sols légers et sains, qui conviennent par-dessus tout à la culture du précieux légume qui nous occupe ; mais comme l'on ne dispose pas toujours d'un semblable sol, voici la méthode que nous conseillons pour une terre humide et compacte :

D'abord on assainira le sol par des tranchées à ciel ouvert ou par un drainage souterrain. Puis on donnera aux planches un espace de 2 m. 50 c. au moins. Ces planches seront plantées comme précédemment, mais au lieu de mettre les plants à 0 m. 28 c. de profondeur, on leur donnera seulement

15 c. **La terre laissée** entre les planches ou les rangs servira au buttage annuel. Comme nous l'avons dit, l'asperge redoute l'humidité stagnante et ainsi disposés les plants ne seront pas exposés à la pourriture et végéteront parfaitement.

Mais si la terre est plus forte que légère sans conserver une trop grande humidité, pour obtenir de bons résultats, il faudra nécessairement ameublir le sol. Dans ce cas, l'apport annuel de terreau composé, comme nous l'avons dit, au moyen de débris végétaux de toutes sortes, produira d'heureux effets, mais nécessitera forcément des frais que n'exigera pas un terrain sablonneux et léger. Dans ce sol, on pourra encore avoir des asperges, mais peut-être seront-elles moins bonnes et moins abondantes.

Dans tous les cas il ne conviendrait pas pour une importante plantation.

2° *Grande culture*, ou culture de spéculation. Ici il faut simplifier les frais, et supprimer le plus possible la main-d'œuvre toujours si dispendieuse. Voici comment nous agissons dans nos terrains sablonneux et légers, afin de faire à la charrue toute la grosse culture annuelle.

Le terrain à planter ayant été préparé ainsi

qu'il a été dit à l'article premier, nous traçons au cordeau des lignes distantes les unes des autres de 1 m. 20 c. et nous faisons des petites tranchées de 0 m. 30 c. de largeur sur autant de profondeur, rejetant la terre en ados de chaque côté, ainsi que l'indique la figure ci-après.

Lorsque le terrain est ainsi disposé, on espace les griffes de 0 m. 80 c., ce qui donne un mètre carré pour chaque plant, et en exige 10,000 à l'hectare.

A Argenteuil, les cultivateurs suivent à peu près la même méthode; seulement la plante est moins enterrée et placée à 0 m. 15 c. de la surface du sol, et pour la récolte chaque touffe est recouverte d'un monticule de 0 m. 30 c., monticule qui est détruit au mois de juin, quand la récolte est finie. Sans doute, cette méthode rend l'asperge plus précoce, puisque le monticule n'est fait qu'au moment où la végétation commence, c'est-à-dire en mars; elle rend peut-être la récolte plus facile parce qu'elle permet la cueillette avec la main, ce qui est préférable lorsque la terre est légère et friable; mais ces avantages ne nous semblent pas compenser les inconvénients qui résultent d'une main-d'œuvre plus considérable, puisqu'une sem-

blable plantation ne saurait être cultivée à la charrue. Nous l'adoptons sans peine et même nous la

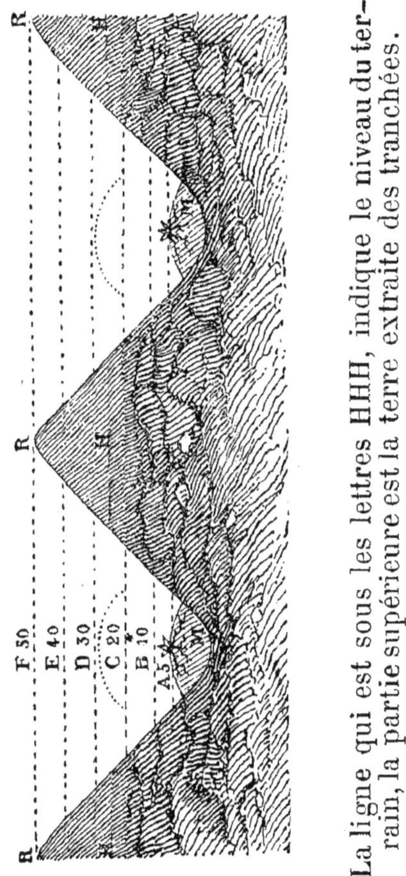

conseillons pour une petite culture de 1,000 griffes
au plus, mais nous la rejetons pour une grande culture. Nos sillons tracés sur les lignes offrent peut-

être un peu plus d'inconvénients pour la récolte, mais la culture à la charrue, tant pour le déchaussement à l'automne que pour le rechaussement au printemps, est facile et diminue considérablement la main-d'œuvre, et partant augmente d'autant le produit net. .

Maintenant, voici comment se fait l'opération de la plantation.

Après avoir marqué avec des piquets la place que doit occuper chaque griffe, vous y déposez un peu de terre bien meuble, mélangée avec une poignée de compost, préparé (1) ainsi que nous l'avons dit plus haut. Puis, sur ce monticule élevé à peine de 0 m. 05 centimètres, vous étalez une griffe légèrement coupée avec un couteau bien tranchant, si les racines sont un peu longues, et laissée intacte si elles sont courtes, ayant soin de placer la *partie bourgeonnante* exactement dans la ligne des plants, évitant qu'il s'en trouve deux de face ; et de ranger les racines de manière qu'elles ne se tou-

(1) Lorsque le terrain est bon et bien amendé par une fumure et des labours faits avant l'hiver, si l'on n'a pas à sa disposition le compost indiqué, on peut se servir de la terre environnante prise dans l'ados.
Le résultat, bien qu'il soit inférieur, peut-être, n'en sera pas moins très bon.

chent ni ne se croisent pas (1) ; puis vous mettez au-dessus une poignée de compost recouvert seulement de 5 à 6 centimètres de terre fine et meuble. Vous pressez ensuite avec le dos de la main fermée sur les racines pour les empêcher de se relever et l'opération est terminée.

Il ne reste plus qu'à jeter de la terre dans les intervalles des plants, pour qu'il n'y ait pas de vide entre les monticules, et on donne un coup de rateau, ayant soin que la terre déposée dans les rayons ne dépasse pas le niveau de la ligne B, c'est-à-dire 10 centimètres au-dessus du fond du rayon.

Généralement il faut planter les griffes d'asperges le plus tôt possible après l'arrachage, la reprise en est plus assurée. Si l'on est obligé de faire venir de loin ses plants, veiller à ce que l'expéditeur les emballe dans des paniers fermés et par couches alternées avec de la mousse fraîche. Dans un emballage ainsi conditionné, les plants se conservent en bon état pendant dix à quinze jours, au mois

(1) Chaque année dans la pousse des nouvelles tiges, l'asperge suit une marche progressive du côté des bourgeons ; en sorte que si l'on n'observait pas les précautions indiquées, après six ou sept ans, elles pousseraient partout, ce qui rendrait la culture disgracieuse et peu commode.

de mars, et ne craignent pas un voyage de trois à quatre cents lieues. Si l'on ne peut mettre en place immédiatement les griffes après leur arrivée, il faut déba'ler le colis et étaler son contenu dans un lieu frais et obscur, à l'abri des rats, une cave par exemple. Dans cet état, si les plants n'ont pas souffert du voyage, ils pourront attendre encore quinze jours sans trop d'inconvénients. Nous avons planté en 1867 des griffes qui ont séjourné plus de deux mois dans un cellier frais, et elles ont très bien réussi.

VIII

Soins à donner aux asperges pendant les trois premières années.

Première année. — Les soins à donner aux plants pendant la première année se bornent à tenir l'aspergerie nette de mauvaises herbes, *à faire la chasse aux criocères*, insectes si nuisibles aux plantations d'asperges, ainsi que nous le dirons plus loin, et à placer au pied de chaque touffe de petits tuteurs pour y attacher les tiges aussitôt qu'elles auront atteint 50 centimètres de hauteur. Quelques horticulteurs, sans doute peu experts dans la culture de l'asperge, ont critiqué l'emploi des tuteurs dans une aspergerie, sous prétexte que leur placement constitue un embarras dispendieux et parfaitement inutile. Si ces horticulteurs, en cultivant l'asperge, avaient cherché à se rendre compte de sa manière de végéter, ils auraient compris que les grands vents, en cassant ou même en tordant les tiges pendant l'été, font à la jeune plante un mal immense, surtout la seconde et la troisième année. Et, il n'est pas rare de voir au printemps suivant des plants complètement perdus et sans végétation, pour avoir été, dans la saison précédente, victimes d'un accident de ce genre. Sans doute, nous savons bien que, dans une grande plantation, le placement des tuteurs et l'attache des tiges sont difficiles et dispendieux, néanmoins nous conseillons ce soin à tous ceux qui le pourront, connaissant par notre propre expérience le grand avantage qui en résulte pour l'avenir de l'aspergerie. S'il survient de fortes sécheresses, on arrose de temps en temps, mais il est rare que l'asperge souffre de la sécheresse.

A la fin de l'été on marque avec des piquets les plants qui n'auraient pas réussi afin de les remplacer au printemps suivant; si l'on ne prenait cette précaution, il serait difficile de faire ce remplacement à temps et la nouvelle plantation courrait risque de ne pas réussir.

Les pluies, les binages font descendre la terre des ados dans les rayons, de telle sorte que les griffes, qui étaient recouvertes seulement de 10 centimètres, se trouvent enterrées à la fin de la saison de 20 centimètres, c'est-à-dire, jusqu'à la ligne **C.** Au mois de novembre on rejette cette terre sur l'ados et on ramène le fond du rayon jusqu'à la ligne B, et même un peu au-dessus.

Alors on jette dans les lignes une petite quantité de compost, ou de fumier très consommé qu'on recouvre par 2 ou 3 centimètres de terre bien meuble ; mais cette fumure, si le sol avait été bien amendé lors de la plantation, n'est pas rigoureusement nécessaire pour le bon développement des plants. Nous avons une pièce de 50 ares qui n'a été fumée qu'au moment de la plantation avec deux poignées de notre compost par touffe, quoique le sol ait été auparavant presque stérile et cependant, à la deuxième année, elle a offert la plus magnifique végétation, ainsi que l'a constaté la commission qui a visité nos travaux en 1869. Quelque concluant que soit pour nous cet exemple, néanmoins nous conseillons de donner à la plantation une légère fumure en couverture dans les rayons, elle s'en trouvera bien.

Seconde année. — Dès le mois de février dans les terres légères et saines, et en mars dans celles qui seraient plus compactes et plus humides, on procèdera au remplacement des plants qui n'auraient pas réussi l'année précédente. Pour cela, on se procurera *des griffes d'un an les plus fortes qu'on pourra trouver*, et on les placera dans des trous de la même manière et à la même profondeur que les autres, ayant soin de ne pas mettre au-dessus plus de 10 centimètres de terre très meuble et très fortement amendée. Un piquet placé auprès de ces plants indiquera qu'ils ne devront pas être cueillis l'année suivante. S'ils sont bien soignés pendant l'été ils arriveront à se mettre à fruit prsque aussitôt que les premiers.

Quand cette opération est faite, on remet quelques centimètres de terre dans les rayons, si on ne l'a pas fait au mois de novembre au moment du déchaussement des plants jusqu'à la ligne B. ou C. Les asperges sortiront au moins d'avril déjà belles ; mais quelle que soit leur beauté nous ne conseillons pas d'en cueillir, car ce serait aux dépens de l'aspergerie qui ne pourrait ainsi acquérir tout le développement dont elle est susceptible.

Pendant la seconde année on prendra les mêmes soins que pendant la première. On ne négligera ni la chasse aux criocères qui cependant feront moins de mal, ni la plantation des tuteurs, ni l'entretien du sol qui devra être constamment net de toutes mauvaises herbes. Quelques auteurs conseillent de débarrasser les plants des graines qu'ils porteraient afin de leur donner plus de vigueur. Nous n'avons jamais pratiqué cette opération, mais nous ne pouvons nous dispenser de l'indiquer, car les racines pourraient profiter, pour se développer, de la sève dépensée en pure perte, pour la maturation de graines inutiles.

Au mois de novembre on coupera les tiges sèches, puis on déchaussera le plant, de manière à laisser 5 ou 6 centimètres au plus de terre sur les racines, puis on répandra dans toute la longueur des lignes du fumier bien consommé. Surtout le compost que nous avons conseillé, dans la proportion d'une bonne demi-pelletée par touffe, et on remettera quelques centimètres de terre meuble par-dessus.

Après l'hiver, on recharge les rayons suivant la ligne ponctuée, de manière qu'il y ait 25 centimètres au moins de terre sur les griffes qui donneront au mois d'avril une première récolte.

Troisième année. — Si quelques plants n'avaient pas prospéré, ce serait encore le moment de les remplacer, mais nous doutons que la nouvelle plantation puisse réussir au milieu des asperges voisines dont les racines envahiront déjà tout le carré. Cependant on peut essayer avec les précautions que nous indiquons plus haut.

Pendant cette année les soins seront les mêmes que pendant l'année précédente ; seulement si la plantation a bien prospéré, on pourra cueillir trois ou quatre asperges par touffe et faire la récolte jusqu'au 15 mai. Nous avons récolté dans nos sables stériles, à la troisième année, des turions dépassant 12 centimètres de tour ; un très-grand nombre ont atteint 8 et 9 centimètres.

A l'automne ou déchaussé le plant, comme à la seconde année et on fume légèrement.

Quatrième année. — Les soins à donner à l'aspergerie sont les mêmes que pendant l'année précédente, mais on pourra cueillir les asperges pendant deux mois, en ménageant toutefois les touffes faibles, qu'on aura eu soin de marquer au mois de septembre précédent. On déchaussera au mois de novembre, puis on fumera au commencement de l'hiver avec des composts ou du fumier bien consommé, et on remettra quelques centimètres de terre par-dessus.

A partir de ce moment la culture sera toujours la même. Il n'y aura de différence que dans le rechargement des plants qui sera un peu plus considérable chaque année, à mesure que l'aspergerie vieillira. Toute l'opération consistera à enlever à l'automne de la terre, de manière à former un ados entre les lignes pendant l'hiver, à fumer dès le mois de novembre si c'est possible et à recharger ou butter le plant du 15 février au 25 mars. Cette culture est essentielle pour avoir des produits précoces et de bonne qualité.

IX

Ennemis de l'asperge.

Les ennemis de l'asperge sont le criocère, la taupe et le ver blanc ou ver à hanneton. Voici la manière de leur faire la chasse et de les détruire.

Criocère. — Le criocère (petit insecte allongé de couleur rouge ou brune, tiqueté de points noirs et blancs, dont la larve est verdâtre et dégoûtante) ainsi que nous l'avons dit précédemment, fait de grands dégâts dans les jeunes plantations quand il est à l'état de larve. Cet insecte déposant ses œufs sur les parties les plus tendres de l'asperge, les larves y trouvent une nourriture appropriée à leurs besoins et dévoreraient une plantation tout entière, si on ne leur faisait la chasse immédiatement. Pour cela il faut l'empêcher de déposer ses œufs.

On devra donc tous les jours, quand le soleil brille, l'écraser entre les doigts s'il y en a peu. Dans le cas contraire, quelques auteurs conseillent de prendre un vase contenant un peu d'eau ; on le place sous l'asperge et on frappe de petits coups sur les tiges. L'insecte se laisse aussitôt tomber, pensant arriver à terre et se dérober au danger, et il tombe dans l'eau ; quand il y en a beaucoup on verse l'eau par terre, elle entraîne les insectes et on les écrase avec le pied.

Quant aux larves, nous avons assayé beaucoup de moyens pour les détruire. Les poudres insecticides, la suie, n'ont jamais produit de bons effets ; nous avons toujours été réduits à les tuer avec les doigts, malgré le dégoût qu'inspire naturellement une pareille opération. Aussi c'est le seul moyen que nous croyons devoir conseiller.

Le croicère fait deux pontes, l'une au printemps et l'autre au mois de juin ou de juillet. On devra redoubler de surveillance à ces époques.

La Taupe. — Malgré des assertions contraires nous croyons, nous, que la taupe ne mange pas l'asperge, mais elle soulève les racines, fait des galeries souterraines qui mettent la griffe à nu et lui font le plus grand mal.

La présence d'une taupe est facile à reconnaître. On devra donc employer les moyens connus pour détruire cet animal.

Le ver blanc. — Le ver blanc est l'un des plus terribles ennemis des plantes cultivées dans les jardins. Plus il fait chaud, plus ses ravages sont grands. Si vous voyez une asperge se flétrir sans cause connue ou apparente, détournez doucement la terre et vous trouverez le ver blanc au pied. On l'écrase, c'est le seul moyen connu jusqu'à ce jour pour le détruire (1(.

(1) Nous recevons de M. le marquis de Morsan (*Passy-Paris*) un échantillon d'un nouvel insecticide d'après lui infaillible pour détruire le criocère et le ver blanc. Nous l'expérimenterons au printemps prochain.

X

Utilité des buttes et des sillons ou billons, asperges blanches et vertes.

Quelques personnes en visitant nos cultures nous ont demandé pourquoi nous placions des sillons de terre sur les lignes d'asperges au lieu de laisser le champ à plat. Voici ce que nous leur répondions.

En sortant de la couche souterraine, le jeune turion est très peu développé; souvent même, surtout dans l'espèce d'Argenteuil, sa grosseur ne dépasse guère celle d'un gros crayon, rarement il a plus d'un centimètre de diamètre. Mais à mesure que la jeune tige s'allonge en passant à travers la terre qui la surmonte, elle augmente de volume, en sorte que lorsqu'elle perce la surface elle atteint quelquefois un diamètre considérable. De cette manière, l'asperge qui, au sortir de sa souche, avait à peine 3 centimètres de circonférence, à 22 centimètres en a souvent 8 et même 10 et plus. Sa plus grande grosseur a lieu entre 15 et 25 centimètres, au-dessus du collet de la plante; mais cette grosseur diminue considérablement aussitôt que la tige atteint la surface et qu'elle se développe à l'air libre. Dans

4.

cet état elle est blanche, tendre, cassante et très appréciée pour cette qualité d'un grand nombre de consommateurs. Alors elle a atteint tout son développement et prend la couleur qui lui est propre. *C'est le moment de la cueillir pour ceux qui aiment l'asperge blanche.*

Mais, *si on veut l'avoir verte,* il suffit de la laisser se développer librement à l'air, car au bout de quelques jours, de blanche rosée ou violacée qu'elle était à la sortie, elle prend une couleur plus foncée et devient bientôt totalement verte lorsqu'elle atteint 5 à 8 centimètres de hauteur. C'est le moment de la cueillir. Dans cet état, elle sera moins tendre, mais elle aura un goût plus prononcé et que préfèrent sans doute ceux qui ne la mangent que verte. Pour nous, et nous ne sommes pas le seul, elle n'a plus de qualité, aussi ne la cueillons-nous jamais dans cet état, ni pour la consommation ni pour la vente. *L'asperge verte* perd au moins la moitié des qualités comestibles que contient l'asperge blanche ou buttée ; de plus cette dernière est infiniment plus tendre et plus délicate. A notre avis, toute asperge qui est verte au moment de la récolte n'est propre qu'à être mangée aux petits pois. Que ceux qui ont l'habitude de manger *l'asperge verte,* cueillent *l'asperge blanche* et bientôt ils seront complètement de notre avis.

Des auteurs, et Gressent (Potager moderne) est de ce nombre, conseillent de construire des *monticules ou buttes* de 30 centimètres au-dessus de chaque griffe. Nous avons expérimenté dans nos sables cette méthode, mais nous avons pris la résolution de ne plus recommencer, parce que le sol ainsi disposé se dessèche trop vite et empêche par cela même la récolte, les sillons offrent les mêmes avantages sans les inconvénients, aussi conseillons-nous de les employer dans les terres légères et sableuses, à l'exclusion des buttes. (Voir pour plus de détails les notions préliminaires page 18.)

XI

Récolte. — Conservation et cuisson des asperges.

Récolte. — Il faut savoir cueillir l'asperge pour ne pas nuire à la récolte. A la vérité, ce n'est pas chose facile. Nous avons essayé de plusieurs systèmes et tous nous ont montré de grands inconvénients.

Le moyen qui réussirait peut-être le mieux à

donner de plus nombreux produits, ce serait la cueillette à la main. Elle se fait en déchaussant la plante avec les mains, si la terre est légère et friable, ou avec une truelle ou spatule de jardinier, puis en glissant les doigts le long de la tige jusque sur le point où elle prend naissance. Alors on l'incline doucement et on la détache en l'écartant.

Nous avons essayé dans nos sables cette méthode, mais nous l'avons rejetée comme trop peu expéditive, malgré ses incontestables avantages, puisque par cette méthode bien employée on ménage davantage les turions voisins de ceux que l'on cueille, on dégage la griffe des chicots qui y pourrissent et l'altèrent.

Nous nous servons d'un instrument fait en forme de gouge, long de 35 cent. environ et terminé par un manche en bois. Après avoir déchaussé l'asperge avec les mains, ou avec une truelle de jardinier, nous descendons doucement notre instrument jusqu'à 3 ou 4 centimètres de la souche autant que possible, puis au moyen d'une légère pesée sur le manche, nous détachons l'asperge, opération qui se fait ordinairement sans trop endommager les turions voisins, si toutefois on a pris des précautions convenables.

Cependant, nous avouons que par ce procédé nous perdons encore beaucoup de la récolte mais nous ne pouvons faire mieux. L'instrument au moyen duquel on peut cueillir les asperges sans casser ni blesser celles qui poussent auprès est encore à trouver.

Conservation. — Si l'on n'a pas de suite l'emploi de la récolte, il faut la descendre à la cave, sans la mouiller, ni la laver, et l'étaler sur le sol dans l'endroit le plus frais et à l'abri de la lumière. Elle pourra ainsi se conserver facilement huit jours, mais dans cet état l'asperge est moins tendre et cuit moins bien. Ne jamais la mettre dans l'eau que pour la faire cuire. Elle contracterait une amertume qui la rendrait très désagréable au goût.

Cuisson. — Ici il ne sera peut-être pas hors de propos de dire un mot de la cuisson de l'asperge. Il y a des personnes qui croient que l'asperge a besoin de subir une longue cuisson pour être comestible. C'est à tort : elle perd par une cuisson prolongée une très grande partie de ses précieuses qualités, et contracte pour les véritables amateurs un goût particulier qui leur est très désagréable. Un bouillon de dix à douze minutes suffit ordinairement pour donner aux plus grosses asperges la cuisson convenable. Aussitôt que cette cuisson est faite, retirer le paquet et ne jamais le laisser dans l'eau sous prétexte de conserver chaudes les asperges. Si vous tenez à ce qu'elles soient servies toutes brûlantes sur votre table, que votre cuisinière tienne son eau bouillante, et qu'elle y jette les asperges seulement un quart d'heure avant de les servir, alors elles conserveront toutes leurs qualités et vous les trouverez parfaites.

XII

Rendement d'une aspergerie.

Dans ces dernières années, plusieurs ont prétendu que la variété dite d'Argenteuil peut rapporter la somme de *six mille francs à l'hectare*. Cette annonce prodigieuse était de nature à tenter plus d'un cultivateur, dont les rentes assez maigres jusque-là, avaient chance de tripler en cultivant la bienheureuse plante. Mais que de déboires et de déceptions! Combien, qui après des frais considérables de plantation et de culture ont été obligés de laisser leurs aspergeries en friche, parce que leurs travaux ne trouvaient aucune rémunération avantageuse.

Cependant est-ce à dire pour cela que les pauvres cultivateurs aient été victimes d'une cruelle mystification ? Non certes. Tout le mal est venu de ce qu'on avait vu un côté seulement de la médaille, sans en avoir retourné le revers. L'asperge d'Argenteuil a produit jusqu'ici et produira toujours deux résultats presque diamétralement opposés.

Elle donnera de merveilleux produits, qui seront une source de fortune, ou bien les produits, tout en restant magnifiques, ne récompenseront pas le cultivateur qui lui donnera ses soins. Tout dépendra de la solution d'une *question capitale* que beaucoup d'agriculteurs n'ont pourtant pas même songé à se poser avant d'entreprendre une grande et dispendieuse plantation. Pour éviter à l'avenir à nos clients des déceptions onéreuses, je les prie de suivre attentivement le raisonnement que je vais faire.

Etant donnée la valeur *trés réelle de la plante,* sa culture relativement facile, la qualité du sol léger et naturellement fertile, l'apport peu dispendieux d'engrais fertilisants, *la proximité d'un marché sérieux où les beaux produits obtiennent des prix rémunérateurs,* par exemple 1 fr. à 1 fr. 25 le kilog. ; une main-d'œuvre assurée et d'un prix raisonnable, *plantez, plantez sans crainte* : vos frais d'installation seront en peu d'années amplement compensés, et la précieuse plante vous donnera sinon *six mille francs*, du moins un bénéfice tel que pas une autre récolte ne pourra vous en donner un semblable.

Mais, si par votre position vous manquez de l'une ou de l'autre de ces conditions, si l'engrais, la main-d'œuvre ou le marché vous font défaut, eussiez vous le terrain le plus convenable possible pour avoir des produits magnifiques, vous verrez en peu d'années s'évanouir tous vos rêves ambitieux et vous vous demanderez avec inquiétude ce que vous allez faire de vos dispendieuses plantations, dont le travail et la main-d'œuvre seront toujours considérables et le bénéfice réel *presque problématique*.

Vous direz peut-être : J'expédierai sur Paris.

Je répondrai : Ne vous y fiez pas.

Paris est un mauvais marché pour le cultivateur provincial, qui ne peut par lui-même vendre sa récolte. Les tarifs des chemins de fer sont très élevés, les exigences des facteurs de la halle exorbitantes quand elles sont toujours honnêtes et après un nombre d'expéditions très limitées, le bénéfice sera si peu de chose que vous vous apercevrez avec effroi qu'en fin de compte vous en serez presque pour vos frais. Ce qui chez vous aurait produit 1 fr. après un voyage de Paris vous rapportera net 50 *centimes*.

Pour résumer : La culture de l'asperge est rémunératrice au premier chef quand elle est pratiquée dans des circonstances favorables ; mais elle est peu avantageuse et parfois désastreuse quand ces conditions ne se trouvent pas.

Encore dans toutes nos observations on suppose la bonne réussite des plantations : que serait-ce si le cultivateur avait planté de mauvais plants ? Ce serait pour lui un véritable désastre. Et les bons plants sont loin d'être aussi communs que peuvent les annoncer les prospectus et les journaux !...

NOTA

M. le marquis de Morsan vient de nous adresser plusieurs échantillons d'engrais composés par lui et qu'il prétend être très utiles dans la culture des Asperges. Ces échantillons ne nous suffisant pas pour faire une expérience sérieuse, avant de nous prononcer sur *leur efficacité réelle*, nous avons besoin d'en faire l'emploi sur une échelle plus importante. *Nous le prions* donc de nous adresser quelques centaines de kilog. de ses poudres désinfectantes et solidifiantes des matières fécales, *ainsi que de ses engrais à base de sang.* Nous ferons part, l'an prochain, à nos correspondants, des expériences qui seront exécutées avec soin au printemps, soit dans nos aspergeries de vente, soit dans nos semis de plants.

CONCLUSION

Nous avons fini notre petit traité sur la culture de l'asperge. Comme on vient de le voir, cette culture que nous proposons n'a rien de difficile, elle n'est même pas dispendieuse. Ce sont principalement des soins à donner. L'essentiel est d'avoir de bons plants pour avoir de bons produits. En suivant bien les préceptes indiqués dans nos articles, on aura des résultats satisfaisants et l'aspergerie pourra durer vingt ans.

En résumé, il faut engraisser la terre, la remuer, l'ameublir et préserver les plants de l'attaque des insectes. C'est le meilleur moyen de donner aux asperges une riche et luxuriante végétation.

Maintenant quoique nous n'ayons nullement envie de faire de la réclame à outrance, et que la certitude intime où nous sommes de bien servir nos clients nous dispense d'avoir recours à un étalage de preuves, dont quelques-unes font abus (ce qui, soit dit en passant, ressemble fort au charlatanisme), nous ne pouvons nous dispenser de reproduire la communication spontanée qu'un de nos honorables clients nous adressait en septembre 1880 :

« Monsieur et très honoré Collègue,

« Un sentiment de justice et de reconnaissance me pousse à vous écrire pour vous faire connaître le résultat de ma plantation d'asperges, que j'ai exécutée conformément à vos instructions et à votre méthode, avec les plants que vous avez bien voulu m'envoyer au printemps dernier. J'ai la satisfaction de vous annoncer que le succès est aussi complet que possible : les 210 plants d'un an que j'ai reçus de vous sont superbes ; pas un ne manque ; pas un n'est défectueux, alors que dans les premiers mois je supposais que plusieurs seraient restés petits et en retard sur les autres. Aujourd'hui encore il sort constamment de nouvelles tiges de plus en plus grosses : elles atteignent désormais une circonférence moyenne de 5 *cent.*, quelques-unes en ont 6. Les tiges déjà développées ont une hauteur minima de 1 mètre et maxima de près de 2 mètres. Il est des griffes d'où sortent plus de 20 à 25 tiges. Quelques-unes sont chargées d'une énorme quantité de graines. Les criocères, grâce à mon active et constante surveillance, n'ont produit aucun dommage.

« Peut-être serez-vous satisfait vous-même, Monsieur, d'apprendre ce résultat, qui vous honore et dont vous pourrez vous servir si vous en avez le désir ; je vous en donne toute autorisation. Tous les visiteurs qui viennent chez moi et qui n'ont pas été témoins de ma plantation ne peuvent croire que mes asperges soient de première année. Je me conformerai à vos instructions pour les soins à leur donner à la Toussaint ; j'ai préparé en conséquence le terreau nécessaire.

« Les pommes de terre que j'ai reçues de vous ont également bien réussi : les 10 kil. de chacune des trois variétés m'ont produit pour chaque 10 kilog., plus de 15 doubles décalitres de tubercules : les Breille ont eu quelques malades ; les autres sont tous saines.

« Agréez, Monsieur et cher Collègue, avec mes remerciements répétés, l'assurance de ma considération la plus respectueuse.

« Docteur H. MOREAU,
« Membre de la Société d'Acclimatation. »

Les Herbiers, 1er *septembre 1880.*

TABLE DES MATIÈRES

INSTRUCTIONS
Sur la culture de l'asperge.

ANGERS, IMPRIMERIE BURDIN ET CIE.

On trouve à l'Orphelinat de la Breille :

1o Le présent opuscule.

2o Des plants d'Asperges de 1 an et de 2 ans de la variété dite *de la Breille améliorée d'Argenteuil.*

Ces plants sont ainsi cotés :
Plants d'un an, bon choix, le cent. . . .   7 fr.
Plants d'un an, extra, le cent. . . . . . .   12 fr.
Plants de 2 ans, le cent. . . . .   8 fr. 50

3o Plants de la Consoude rugueuse du Caucase, plante fourragère à hauts rendements .

4o Maïs hybride de la Breille,   ⎰ Médaille de 1re classe
    «   géant précoce.   décern
    «   géant à larges feuilles.   par la Société
                              d'Acclimat. en 1877

5o Une Collection de 40 à 50 variétés de pommes de terre, Anglaises, Américaines et indigènes, et une collection des variétés de **Fraisiers** et **Haricots** les plus renommés. (*Pour les espèces et les prix, demander le catalogue.*)

6o Une nombreuse Collection de pensées anglaises très remarquables, disponibles depuis février à avril.

Notre gare d'expédition et de réception est Varennes-sur-Loire.

(Maine-et-Loire).

Angers, imp. Burdin et Cⁱⁱ. — 11-81.